# 图 解 家 装 细 部 设 计 系 列
## Diagram to domestic outfit detail design

# 卧室 666 例
## Bedroom

主 编：董 君 / 副主编：贾 刚　王 琰　卢海华

中国林业出版社

# 目录 / Contents

MODERN
现代潮流

创造\实用\空间\简洁\前卫\装饰\艺术\混合\叠加\错位\裂变\解构\新潮\低调\构造\工艺\功能\创造\实用\空间\简洁\前卫\装饰\艺术\混合\叠加\错位\裂变\解构\新潮\低调\构造\工艺\功能\简洁\前卫\装饰\艺术\混合\叠加\错位\裂变\解构\新潮\低调\构造\工艺\功能\创造\实用\空间\简洁\前卫\装饰\艺术\混合\叠加\错位\裂变\解构\新潮\低调\构造\工艺\功能\创造\实用\空间\简洁\前卫\装饰\艺术\混合\叠加\错位\裂变\解构\新潮\低调\构造\工艺\功能\简洁\前卫\装饰\艺术\混合\叠加\错位\裂变\解构\新潮\低调\构造\工艺\功能\创造\实用\空间\简洁\前卫\装饰\艺术\混合\叠加\错位\裂变\解构\新潮\低调\构造\工艺\功能\创造\实用\空间\简洁\前卫\装饰\艺术\混合\叠加\错位\裂变\解构\新潮\低调\构造\工艺\功能\创造\实用\空间\简洁\前卫\装饰\艺术\混合\叠加\错位\裂变\解构\新潮\低调\构造\工艺\功能\创造\实用\空间\简洁\前卫\装饰\艺术\混合\叠加\错位\裂变\解构\新潮\低调\构造\工艺\功能\简洁\前卫\装饰\艺术\混合\叠加\错位\裂变\解构\新潮\低调\构造\工艺\功能\创造\实用\空间\简洁\前卫\装饰\艺术\混合\叠加\错位\裂变\解构\新潮\低调\构造\工艺\功能\创造\实用\空间\简洁\前卫\装饰\艺术\混合\叠加\错位\裂变\解构\新潮\低调\构造\工艺\功能\创造\实用\空间\简洁\前卫\装饰\艺术\混合\叠加\错位\裂变\解构\新潮\低调\构造\工艺\功能\简洁\前卫\装饰\艺术\混合\叠加\错位\裂变\解构\新潮\低调\构造\工艺\功能\创造\实用\空间\简洁\前卫\装饰\艺术\混合\叠加\错位\裂变\解构\新潮\低调\构造\工艺\功能\创造\实用\空间\简洁\前卫

# MODERN
## 现代潮流

简约风格的特色是将设计元素、色彩、照明、原材料简化到最少的程度，但对色彩、材料的质感要求很高。因此，简约的空间设计通常非常含蓄，往往能达到以少胜多、以简胜繁的效果。"艺术创作宜简不宜繁，宜藏不宜露。"这些是对简洁最精辟的阐述。

装饰画为房间增添一抹艺术气息。

实木贴面体现着自然清新。

弧形的吊顶让空间变得柔软而淡雅。

卧室中将窗台的处理成兼具储物的小炕凳。

黑色的背景墙与白色的床头营造出一种强烈对比下的柔和。

卧室兼书房的作用，让空间利用更加高效。

简约中的奢华。

对应大空间的卧室，床幔的使用就变得更加合理。

背景墙和地板的颜色相互呼应。

线形的背景墙丰富了空间的形态。

浅色的壁纸与整体色调统一。

酒店式的主卧营造出一种低调的奢华。

胡桃木的背景墙丰富了空间。

金色的壁纸让空间暖暖地。

粉色的背景墙成为视觉中心。

块状的背景墙让空间细腻而有趣。

错落的吊顶让空间丰富。

多功能的书架满足了阅读的需要。

客厅的背景墙丰富了空间。

简约的空间雅致。

大型落地窗让狭小的客厅通透起来。

米色的大理石让空间变得温暖。

错落的吊顶让空间丰富。

大型落地窗让将户外景色融入到客厅中。

原木的贴面给空间一种自然而恬静的景致。

深色的客厅稳重而大方。

浅色的壁纸与整体色调统一。

带圆弧的隔断让空间柔软起来。

跳跃的背景墙让卧室丰富多彩。

素朴的吊顶给人一种宁静的感觉。

淡雅的卧室给人以宁静。

错落的吊顶让空间变得活跃。

浅色的壁纸让空间简洁明快。

浅蓝色的壁纸让空间简洁明快。

实木贴面给人以自然而宁静。

通透的窗户让小空间的卧室视觉放大。

一张黑白艺术画提升了卧室的格调。

错落的画框让空间活泼而有趣。

浅色的壁纸与整体色调统一。

对称的画框让空间大气而典雅。

对称的背景墙让卧室整洁而简约。

暖色的卧室给人一种温暖如春的感觉。

多层次的吊顶让空间变得更加细腻。

整洁而大气的客厅。

小窗户让小卧室透亮起来。

暖色的卧室给人一种温暖如春的感觉。

整洁的卧室给人以宁静。

陈列柜满足了存放的需要。

浅色系的软包给人以低调的奢华。

多材质的背景墙让卧室更加奢华。

厚重的色彩让卧室更加大气。

细腻的色差让卧室更具精致。

线条的运用让卧室更具细腻。

背景墙的设计使得空间精致而有趣。

浅色的壁纸与整体色调统一。

细腻的色差给人一种典雅的奢华。

富有层次的吊顶让空间错落有致。

清新淡雅的卧室给人以轻松的环境。

乐器的摆放满足不同人群的需要。

对称的背景墙让空间整洁而大气。

浅色条纹壁纸让空间整洁而庄重。

清淡素雅的卧室给人一种和谐之美。

正面的书架满足了不同的需要。

对称的背景墙中，局部的变化使得空间更加细腻。

通透的卧室通过窗帘把空间区分开。

玻璃的使用"增大"了空间。

浅色的壁纸与整体色调统一。

对称的背景墙给人以干净和整洁。

浅色的壁纸与整体色调统一。

复杂的背景墙满足不同人的。

明亮的窗户让空间变得通透。

米黄色的壁纸营造暖暖的氛围。

大面积的原木贴面形成了视觉的中心。

灰白色的背景墙使得空间稳重而大气。

卧室有着大气而富贵的格调。

浅色的背景加上深色的线条使得空间整体和谐统一。

壁灯的妆点让空间活跃起来。

壁柜使得空间更加实用。

简约欧式给人一种时尚富贵的感觉。

尖顶的建筑结构让空间更加有趣。

飘窗的处理让空间更加合理。

白净的空间与浅色的背景墙形成一种和谐之美。

灰色的背景墙让空间更加沉稳。

不对称的感觉营造了一种动静结合。

壁纸有着一种天生的神奇魔力，能为墙面打造出百变妆容。

大幅的壁画给空间带来了生机和活力。

深灰色的调子让空间稳重。

弧形的卧室给空间多种可能。

灰色的调子营造出一份宁静。

深色的卧室稳重而大方。

浅色的壁纸与整体色调统一。

流线型的背景墙让空间跳动起来。

原木的壁柜给空间一种自然而恬静的景致。

深色的调子让卧室稳重而大方。

浅色的壁纸与整体色调统一。

大面积的背景墙成为视觉中心。

细致的线条让空间变得整洁而简约。

橘黄色的灯带给卧室不一样的体验。

黑与白营造了一种洁净的效果。

小方格的电视背景墙提升了空间的品味。

大面积的背景墙成为视觉中心。

自然风貌的大幅挂画活跃了空间。

整洁而合理的空间布局。

通透的隔断延伸了空间。

不规则的卧室有着另外一种感受。

壁纸有着一种天生的神奇魔力，能为墙面打造出百变妆容。

挂画成为视觉中心。

灰白色营造出的卧室空间。

整洁而洁白的空间。

背景墙奇特的处理丰富了画面。

合理的小空间布局。

红色抓住了人们的眼球。

灰白色的处理给人以安详和宁静。

细腻而稳重的卧室。

卧室隔断的处理，丰富了空间。

三个独立窗户让卧室更加透亮和温暖。

波浪的壁纸给卧室一种动感。

弧形的穹顶更卧室更多的可能。

不规则的卧室让空间灵动起来。

多种颜色在卧室的运用。

超强功能的储物隔断，满足不同的需求。

洁净而整洁的空间。

通透的隔断延伸了卧室空间。

大幅玻璃窗增加了空间的采光。

咖啡色的调子。

铁艺的床让空间有着复古的感觉。

黑色点缀下的洁白地卧室。

吊顶的处理让空间不再单调。

墨绿色的壁纸营造出深邃的效果。

复杂的背景墙活跃了空间。

浅灰和黑色的壁纸与白色吊顶营造出和谐的美。

黑色的背景墙让空间稳重。

和谐之美。

深灰色的壁纸与整体色调统一。

大空间处理。

隔断让空间丰富起来。

单人小空间的布局格外精致。

浅色的壁纸与整体色调统一。

复杂的线条给人以高贵。

多层次的线条给空间以细腻和精致。

软包背景墙与整个环境融为一体。

木制的花格营造出一种特别的格调。

浅色的壁纸与整体色调统一。

大面积的玻璃隔断延伸了卧室的视线。

强大功能的壁橱解决储物的需要。

小空间的处理。

壁纸有着一种天生的神奇魔力，能为墙面打造出百变妆容。

浅色的地板和墙面融为一体。

圆形的床别有一番味道。

软包和壁纸完美结合。

水泥石膏板的处理有着自然的美。

实木的墙面和吊顶完美结合。

壁纸有着一种天生的神奇魔力，能为墙面打造出百变妆容。

清晰淡雅的壁画与室内完美配搭。

架子床别有一番韵味。

简洁明快的调子。

架子床别有一番韵味。

隔断的巧妙使用。

隔断的巧妙使用。

整洁而大气的卧室。

原木的贴面给空间一种自然而恬静的景致。

暖色的客厅给人一种温馨和甜蜜。

浅色的壁纸与整体色调统一。

大幅的落地窗把窗外的景致带进室内。

木质背景墙营造出一种自然的和谐。

卧室有种白色洁净的感觉。

壁纸和窗帘相互呼应。

装饰画让空间变得灵动起来。

温馨而自然的气息。

架子床让卧室变得有趣。

下垂的吊灯让卧室变得高贵。

圆形的床营造了几分浪漫。

水泥石膏墙营造了一种生态的感觉。

酒店式的卧房。

精致的卧房，精致的生活。

隔断在卧室中的运用让空间更加合理。

圆弧的背景墙和阶梯状的吊顶营造出一种高贵的华丽。

精致的细节打造出细腻的生活。

浅色的软包与整体色调统一。

法式田园营造出一种复古的生活。

镜面的处理，增大了空间。

吊顶成为卧室中的视觉中心。

繁复的床头背景墙成为视觉的中心。

银色而粗糙的壁纸让空间变得更有层次。

壁柜摆放类大量主人喜好的收藏。

多面的落地窗让空间变得通透。

细腻的背景墙让空间变得华丽。

大幅而富有创造性的背景墙成为卧室视觉中心。

对称而和谐的卧室效果。

简单的生活，简约的设计。

背景墙即起到装饰作用又起到分隔空间的作用。

繁复的卧室效果。

低调而细腻的装饰效果。

大面积的玻璃让小空间变大起来。

温馨而舒适的卧室效果。

简约的设计营造出舒适的生活。

大面积紫色的运用让空间浪漫而又情调。

复古的感觉让卧室高贵起来。

冷色系的调子让卧室显得很洁净。

简约的设计营造出舒适而简单的生活。

原木的贴面给空间一种自然而恬静的景致。

粉色的墙漆营造出浪漫而温馨的氛围。

富有层次的背景墙错落有致。

彩色的背景墙营造出春天般的温暖。

小空间的卧室通过隔断丰富了功能。

对称\简约\朴素\大气\庄重\雅致\恢弘\壮丽\华贵\高大\对比\清雅\含蓄\端庄\对称\简约\朴素\大气\对称\简约\朴素\大气\庄重\雅致\恢弘\壮丽\华贵\高大\对比\清雅\含蓄\端庄\对称\简约\朴素\大气\端庄对称\简约\朴素\大气\庄重\雅致\恢弘\壮丽\华贵\高大\对比\清雅\含蓄\端庄\对称\简约\朴素\大气\对称\简约\朴素\大气\庄重\雅致\恢弘\壮丽\华贵\高大\对比\清雅\含蓄\端庄\对称\简约\朴素\大气\对称\简约\朴素\大气\庄重\雅致\恢弘\壮丽\华贵\高大\对比\清雅\含蓄\端庄\对称\简约\朴素\大气\对称\简约\朴素\大气\庄重\雅致\恢弘\壮丽\华贵\高大\对比\清雅\含蓄\端庄\对称\简约\朴素\大气\端庄对称\简约\朴素\大气\庄重\雅致\恢弘\壮丽\华贵\高大\对比\清雅\含蓄\端庄\对称\简约\朴素\大气\对称\简约\朴素\大气\庄重\雅致\恢弘\壮丽\华贵\高大\对比\清雅\含蓄\端庄\对称\简约\朴素\大气\对称\简约\朴素\大气\庄重\雅致\恢弘\壮丽\华贵\高大\对比\清雅\含蓄\端庄\对称\简约\朴素\大气\端庄对称\简约\朴素\大气\庄重\雅致\恢弘\壮丽\华贵\高大\对比\清雅\含蓄\端庄\对称\简约\朴素\大气\对称\简约\朴素\大气\庄重\雅致\恢弘\壮丽\华贵\高大\对比\清雅\含蓄\端庄\对称\简约\朴素\大气\对称\简约\朴素\大气\庄重\雅致\恢弘\壮丽\华贵\高大\对比\清雅\含蓄\端庄\对称\简约\朴素\大气\端庄对称\简约\朴素\大气\庄重\雅致\恢弘\壮丽\华贵\高大\对比\清雅\含蓄\端庄\对称\简约\朴素\大气\对称\简约\朴素\大气\庄重\雅致\恢弘\壮丽\华贵\高大\对比\清雅\含蓄\端庄\对称\简约\朴素\大气\端庄对称\简约\朴素\大气\庄重\雅致\恢弘\壮丽\华贵\高大\对比\清雅\含蓄\端庄\对称\简约\朴素\大气\对称\简约\朴素\大气\庄重\雅致\恢弘\壮丽\华贵\高大\对比\清雅\含蓄\端庄\对称\约\朴素\大气\恢弘\壮丽\华贵\高大\对比\清雅\含蓄\端庄\对称\约\朴素\大气\恢弘\壮丽\华贵\高大\对比\清雅\含蓄\端庄\对称\庄重

CHINESE
中式典雅

　　雕花、隔扇、镂空是传统的中式风格的装饰物，白色或米黄色的墙面是中式
装修墙面的主要色调，怀旧与情调的搭配、天然与淳朴是中式背景墙的魅力所在，
让人在繁华与喧闹中找到心灵的安静。

平衡对称是中式设计的典型手法。

多功能装饰储藏墙是整个卧室的视觉中心。

花鸟墙画成为视觉中心。

床榻的镜面处理，拉伸了卧室的空间感。

黑白灰营造出宁静的中国风味。

大空间的卧室满足了不同人的不同需要。

架子床的运用让卧室更加有趣。

卧室屋顶的处理营造出一种东南亚的中国风情。

卧室中架子床的配搭，让空间变得饱满。

墙面上的围棋装饰让卧室空间活泼而有趣。

洁净的空间通过灯具的变化，营造出一种对称中的不平衡。

大幅大理石的装饰画突显出一种中式的奢华。

木格栅的背景使得空间动静结合。

中式精致的装饰让生活变得更加美好。

中式风格中夹杂着美式田园的家具，让混搭成为时尚。

床头的挂画给空间一种自然而恬静的景致。

浅木色的贴膜营造出整洁而温馨的感觉。

床头精致的中式花格成为视觉的中心。

中式卧室中混搭着东南亚风格，让空间更加舒适。

简单的搭配营造出高品质的生活。

中式卧室中混搭着日式风格，空间变得更多元化。

中式混搭成为设计的新风尚。

整齐的木格栅成为视觉的中心。

软包的背景墙让整个空间更加温馨大方。

隔断将空间分割利用，满足了生活的多种可能。

中式混搭的设计成为设计的新风尚。

黑白灰中点缀着金色的壁灯，让空间变得鲜亮起来。

隔断将空间分割利用，满足了生活的多种可能。

中式混搭的设计成为设计的新风尚。

软包的背景墙让整个空间更加温馨大方。

软包的背景墙提高了整体装修的品质，也满足了生活的多种可能。

软包的背景墙让整个空间更加奢华和高贵。

欧式混搭的设计成为设计的新风尚。

深蓝色的背景墙成为卧室视觉中心。

超大的卧室,通过隔断将空间分割利用,满足了生活的多种可能。

多立克式的柱头在卧室中的应用，让欧式奢华进入日常生活。

欧式混搭的设计成为设计的新风尚。

欧式线条的综合应用让空间变得精致而细腻。

欧式混搭的设计成为设计的新风尚。

欧式混搭的设计成为设计的新风尚。

简约欧式设计营造出一种素朴的感觉。

空间中多种材料的综合运用，让整个空间更加华丽。

超大的卧室，通过隔断将空间分割利用，满足了生活的多种可能。

大面积的吊顶让整个空间显得更加富丽堂皇。

欧式混搭的设计成为设计的新风尚。

软包的背景墙、金色的贴饰让整个空间更加华美。

浅色的调子使得卧室空间更加温馨和浪漫。

简约欧式设计成为设计的新宠儿。

白色帷幔的架子床增加类卧室的私密性。

软包的床头背景墙，让空间变得更加温和。

壁纸有着一种天生的神奇魔力，能为墙面打造出百变妆容。

简洁的欧式设计满足不同人群的多元化的需求。

浅蓝色的背景墙突显出来，成为视觉中心。

圆形的穹顶丰富了空间。

壁纸有着一种天生的神奇魔力，能为墙面打造出百变妆容。

壁纸有着一种天生的神奇魔力，能为墙面打造出百变妆容。

床头的软包成为卧室视觉中心。

壁纸有着一种天生的神奇魔力，能为墙面打造出百变妆容。

多边形的卧室丰富了生活。

简约欧式儿童房的设计让睡觉变得有趣。

欧式混搭的设计成为设计的新风尚。

垂帘的使用让整个空间更加温馨大方。

卧室通过线条的使用，让空间变得更加细腻。

穹顶的处理，满足了欧式风格生活的多种可能。

欧式混搭的设计成为设计的新风尚。

软包的背景墙让整个空间更加温馨大方。

超大的卧室，通过为帷幔将空间分割利用，满足了生活的多种可能。

欧式混搭的小清新，成为设计的新风尚。

奢华的欧式设计满足了高品质生活的需求。

软包的背景墙让整个空间更加温馨大方。

超大的床头的设计，让霸气的床头成为视觉中心。

超大的卧室，满足了生活的多种可能。

精致的欧式背景墙成为视觉中心。

软包的背景墙让整个空间更加温馨大方。

超大的卧室，通过空间分割利用满足了生活的多种可能。

深色的调子营造出一种稳重而沉稳的感觉。

多边形的空间满足不同人群对高品质是生活的追求。

软包的背景墙让整个空间更加温馨大方。

多层次的吊顶让空间变得更加高贵和奢华。

深色的调子营造出一种稳重而沉稳的感觉。

黑色线框的运用让空间变得更加细腻。

大幅的水晶吊灯让空间变得富丽堂皇。

壁纸有着一种天生的神奇魔力，能为墙面打造出百变妆容。

浅色的壁纸与整个环境和谐融洽。

弧形的床头背景墙让空间更加多元。

背景墙的设计让空间变得更富有层次感。

粉色的墙让空间变得浪漫和多彩。

隔断的使用，满足大空间对多种功能空间的需要。

鹿角吊灯使用成为卧室空间的视觉中心。

软包的使用让整个空间变得更柔美和华丽。

深色的背景墙成为整个视觉中心。

大面积蓝色的运用让空间整洁且宁静。

隔断将空间分割利用，满足了生活的多种可能。

大幅的墙画既起到装饰性作用，又起到功能性作用。

软包的背景墙让整个空间更加温馨大方。

竖线条的壁纸让空间变得干净且大方。

深色的软包背景墙成为视觉中心。

深蓝色的背景墙成为视觉中心。

软包的背景墙让整个空间更加温馨大方。

精细的石膏线条让空间变得更加奢华和唯美。

简欧的卧室设计成为新潮流。

大型的吊灯成满足高空间的需求。

软包和壁纸的完美搭配。

壁纸有着一种天生的神奇魔力，能为墙面打造出百变妆容。

多层次的穹顶满足高层高的需求。

简欧的混搭营造出别致的空间感觉。

深色的背景墙成为整个空间的视觉中心。

圆顶和圆床相互呼应，满足了不同功能的需要。

壁纸有着一种天生的神奇魔力，能为墙面打造出百变妆容。

软包的背景墙让整个空间变得高贵。

壁纸有着一种天生的神奇魔力，能为墙面打造出百变妆容。

竖条状的壁纸在视觉上拉高了层高。

架子床的使用让整个空间变得整洁且与众不同。

圆门的背景墙组成的混搭设计成为设计的新风尚。

背景墙的处理让整个空间更加富有层次感。

超大的卧室，通过隔断将空间分割利用，满足了生活的多种可能。

高端定制的欧式家具提升了整个空间的品位。

精致的吊灯成为整个空间的视觉中心。

深蓝色的背景墙成为整个视觉的中心。

壁纸有着一种天生的神奇魔力，能为墙面打造出百变妆容。

床头橱柜的运用既满足了装饰性，又起到了强大的功能性。

软包的背景墙让整个空间更加温馨大方。

壁纸有着一种天生的神奇魔力，能为墙面打造出多种可能。

水晶吊灯成为整个卧室的视觉中心。

奢华的天花吊顶成为视觉中心。

壁纸有着一种天生的神奇魔力，能为墙面打造出多种可能。

穹顶的处理，让整个卧室变得更加高贵。

壁纸和墙裙的处理，使整个空间变得更加精致。

背景墙的镜面增大了空间的面积。

圆形吊顶的处理让空间更加华美。

壁纸有着一种天生的神奇魔力，能为墙面打造出百变妆容。

背景墙的处理让整个空间变得精细。

紫色的背景墙使得空间神秘且性感。

软包背景墙的处理，能为墙面打造出多种可能。

白墙和圆门一同构成了独特的风景线。

浅蓝色的墙漆增添了些许田园的清新。

背景墙的处理让整个空间更加奢华而精致。

圆弧形的墙裙和卷草碎花壁纸一同营造出温馨的田园情调。

浅蓝色的墙漆增添了些许田园的清新。

田园混搭的设计成为设计的新风尚。

背景墙的处理让整个空间更加奢华而精致。

圆弧形的窗户和粉色的墙漆一同营造出温馨的田园情调。

大面积的黄色成为整个空间的主色调。

田园混搭的设计成为设计的新风尚。

丰富的色彩和卷草纹的壁纸一同营造出了田园的风情。

大面积的落地玻璃增加了室内的采光。

丰富多彩的色彩营造了魔幻般的田园风情。

壁纸有着一种天生的神奇魔力，能为墙面打造出百变妆容。

软包的背景墙让整个空间更加温馨大方。

原木处理的吊顶增加了空间的层次感和厚重感。

壁纸有着一种天生的神奇魔力，能为墙面打造出百变妆容。

黄色的竖纹墙裙成为强烈的视觉冲突。

超大的卧室，通过隔断将空间分割利用，满足了生活的多种可能。

树枝纹的壁纸、铁艺吊灯一同营造出田园格调。

大幅的壁纸装饰画营造出一种春天般的温暖。

鹿角吊灯、鹿角装饰、竖状软包一同营造出田园格调。

儿童房开辟了独立的玩耍区和学习区，小主人的成长都会伴随这点点滴滴留下美好的回忆。

陈列架上摆满了孩子喜爱的书籍。

# 图解家装细部设计系列
## Diagram to domestic outfit detail design

# 儿童房 666 例
## Children's room

主编:董君 / 副主编:贾刚 王琰 卢海华

中国林业出版社

# 目录 / Contents

创造＼实用＼空间＼简洁＼前卫＼装饰＼艺术＼混合＼叠加＼错位＼裂变＼解构＼新潮＼低调＼构造＼工艺＼功能＼创造＼实用＼空间＼简洁＼前卫＼装饰＼艺术＼混合＼叠加＼错位＼裂变＼解构＼新潮＼低调＼构造＼工艺＼功能＼简洁＼前卫＼装饰＼艺术＼混合＼叠加＼错位＼裂变＼解构＼新潮＼低调＼构造＼工艺＼功能＼创造＼造＼实用＼空间＼简洁＼前卫＼装饰＼艺术＼混合＼叠加＼错位＼裂变＼解构＼新潮＼低调＼构造＼工艺＼功能＼创造＼实用＼空间＼简洁＼前卫＼装饰＼艺术＼混合＼叠加＼错位＼裂变＼解构＼新潮＼低调＼构造＼工艺＼功能＼创造＼实用＼空间＼简洁＼前卫＼装饰＼艺术＼混合＼叠加＼错位＼裂变＼解构＼新潮＼低调＼构造＼工艺＼功能＼简洁＼前卫＼装饰＼艺术＼混合＼叠加＼错位＼裂变＼解构＼新潮＼低调＼构造＼工艺＼功能＼创造＼实用＼空间＼简洁＼前卫＼装饰＼艺术＼混合＼叠加＼错位＼裂变＼解构＼新潮＼低调＼构造＼工艺＼功能＼创造＼实用＼空间＼简洁＼前卫＼装饰＼艺术＼混合＼叠加＼错位＼裂变＼解构＼新潮＼低调＼构造＼工艺＼功能＼创造＼实用＼空间＼简洁＼前卫＼装饰＼艺术＼混合＼叠加＼错位＼裂变＼解构＼新潮＼低调＼构造＼工艺＼功能＼创造＼实用＼空间＼简洁＼前卫＼装饰＼艺术＼混合＼叠加＼错位＼裂变＼解构＼新潮＼低调＼构造＼工艺＼功能＼创造＼实用＼空间＼简洁＼前卫＼装饰＼艺术＼混合＼叠加＼错位＼裂变＼解构＼新潮＼低调＼构造＼工艺＼功能＼创造＼实用＼空间＼简洁＼前卫＼装饰＼艺术＼混合＼叠加＼错位＼裂变＼解构＼新潮＼低调＼构造＼工艺＼功能＼创造＼实用＼空间＼简洁＼前卫＼装饰＼艺术＼混合＼叠加＼错位＼裂变＼解构＼新潮＼低调＼构造＼工艺＼功能＼创造＼实用＼空间＼简洁＼前卫＼装饰＼艺术＼混合＼叠加＼错位＼裂变＼解构＼新潮＼低调＼构造＼工艺＼功能＼创造＼实用＼空间＼简洁＼前卫＼装饰＼艺术＼混合＼叠加＼错位＼裂变＼解构＼新潮＼低调＼构造＼工艺＼功能＼创造＼实用＼空间＼简洁＼前卫＼装饰＼艺术＼混合＼叠加＼错位＼裂变＼解构＼新潮＼低调＼构造＼工艺＼功能＼创造＼实用＼空间＼简洁＼前卫＼装饰＼艺术＼混合＼叠加＼错位＼裂变＼解构＼新潮＼低调＼构造＼工艺＼功能＼创造＼实用＼空间＼简洁＼前卫＼装饰＼艺术＼混合＼叠加＼错位＼裂变＼解构＼新潮＼低调＼构造＼工艺＼功能＼创造＼实用＼空间＼简洁＼前卫＼装饰＼艺术＼混合＼叠加＼错位＼裂变＼解构＼新潮＼低调＼构造＼工艺＼功能＼简洁＼前卫＼装饰＼艺术＼混合＼叠加＼错位＼裂变＼解构＼新潮＼低调＼构造＼工艺＼功能＼创造＼实用＼空间＼简洁＼前卫＼装饰＼艺术＼混合＼叠加＼错位＼裂变＼解构＼新潮＼低调＼构造＼工艺＼功能＼创造＼实用＼空间＼简洁＼前卫＼装饰＼艺术＼混合＼叠加＼错位＼裂变＼解构＼新潮＼低调＼构造＼工艺＼功能＼创造＼实用＼空间＼简洁＼前卫＼

# MODERN
## 现代潮流

透视的艺术效果、抽象的排列组合、黑白灰的经典颜色……明朗大胆，映衬在金属、人造石等材质的墙面装饰中不显生硬，反而让居室弥散着艺术气息，适合喜欢新奇多变生活的时尚青年。

暖暖的调子，给孩子一种温暖的感觉。

几个玩偶的搭配，给孩子亲切的相伴。

多数孩子的童年都有参军的梦。

卧室的架子鼓是孩子的最爱。

壁纸有种神奇的魔力，给人别样生活。

大幅的落地窗让空间变得通透而明亮。

魔幻的吊顶和灯光。

细腻的花格背景墙。

中式简约的风格。

清新淡雅的空间。

壁纸有种神奇的魔力，给人别样生活。

蓝色的主题给人明快的调子。

浅蓝色的顶给人一种大海般的清爽。

色彩斑斓的床单，吸引着孩子的注意力。

活泼而有趣的家具吸引着儿童的心。

绿色成为空间的亮点。

清新而自然的简约风格。

背景墙是设计的亮点。

洁净而鲜亮的空间。

定制的家具吸引着孩子的注意力。

两幅公仔挂画吸引着孩子的眼球。

装饰柜满足孩子陈列的需要。

蓝色给人一种大海的平静。

展示架满足了陈列的需要。

斜坡顶的儿童房充分的利用了空间。

大幅的窗户将户外的景致吸引到室内。

洁净而明亮的空间。

浅色的空间，给人舒适的感觉。

青花图案的床头挂画。

一组挂画吸引着孩子的注意力。

天花吊顶是设计的亮点。

大幅的照片墙记载着孩子的成长经历。

壁纸有着一种天生的神奇魔力，能为墙面打造出百变妆容。

镜面让空间变得"宽大"。

陈列架满足了孩子陈列的需要。

壁纸有着一种天生的神奇魔力，能为墙面打造出百变妆容。

波浪式的室内装饰。

隐藏的柜子满足了储物的需求。

简洁而明快的空间。

深色的地板与米黄色的壁纸相互呼应。

壁纸吸引着孩子的注意力。

大幅的窗户让空间变得通透。

壁纸有着一种天生的神奇魔力，能为墙面打造出百变妆容。

魔幻的活动空间。

一幅漫画给空间一种青春的活力。

装饰画的摆放是本案的重点。

原木的组合给孩子一片清新自然之美。

竖状的壁纸让层高变得高挑。

演出服和化妆箱是女孩的最爱。

背景墙的设计是本案的重点。

大幅量的储物空间满足了孩子的需要。

大幅的落地窗将户外的景色引入了室内。

通过隔断的分隔，满足了两个孩子睡眠的需要。

大量的玩偶装置其中，有一种置身迪士尼的感觉。

四幅青春洋溢的挂画，给人一种青春般的活力。

蓝色是空间的主色调，给人一种大海般的宁静。

魔幻般的墙纸。

粉色的调子是女孩的最爱。

洁白的空间，满足女孩的公主梦。

粉红是女孩子的最爱。

床头精致的摆件提升了空间的品位。

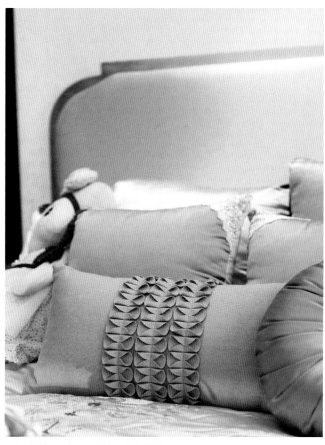

一组靠垫，给人一种舒适的感觉。

小空间的综合利用。

红色给人一种热情奔放的感觉。

对称、和谐之中夹杂着变化。

两幅幼稚的卡通画是孩子的最爱。

简单而精致的配饰。

粉红是女孩子的最爱。

壁纸营造出蓝天和白云般的感觉。

条纹是本案设计的重点。

两幅托马斯小火车的挂画给孩子一个美好的童年。

大量的装饰挂画，满足孩子好奇的需求。

粉红色的调子是每个女孩子的最爱。

魔幻的空间，处处都有惊喜。

小摆件的搭配，让空间变得丰满起来。

两个女孩子的童年起居生活。

拼花地面与花格墙纸相互呼应。

木纹状的壁纸使得空间更加整洁高挑。

软装的配置让空间丰满起来。

几幅卡通挂画是孩子的最爱。

壁纸有着天然的魔力，让空间充满了活力。

浅色的空间给人舒适的感觉。

粉红色的调子是女孩的最爱。

竖条的壁纸让空间变得高挑起来。

考拉的小摆件可爱至极。

浅色的壁纸映衬着黑色的挂画。

竖条的壁纸让空间变得高挑而透亮起来。

淡雅的色彩让空间鲜亮了起来。

软装配饰让空间丰满了起来。

玻璃面墙让空间变得通透而宽敞起来。

装饰隔断满足陈列和摆放的需要。

壁纸给人一种清新淡雅和宁静致远。

多层的隔断陈列着孩子的最爱。

卷草纹的壁纸让空间充满了活力。

原木生活给孩子一直清新和自然。

竖状壁纸让空间变得高挑。

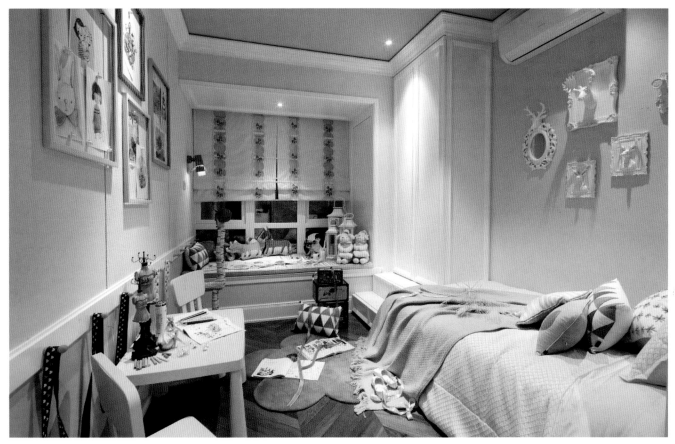

大面积的蓝色配上粉色的家具，与空间协调搭配。

软装配饰让空间丰满起来。

陈列柜满足孩子的陈列需求。

隔断让空间变得层次多样。

榻榻米的设计满足了孩子娱乐的需要。

竖条状的壁纸让空间变得高挑而富有层次。

碎花壁纸衬托着空间。

粉色的壁纸是女孩的最爱。

灰色的壁纸让空间变得干净和细致。

简单的陈设让空间变得通透。

精致的挂画给人雅致的生活。

几幅挂画和挂件让空间富有层次。

通透的落地窗让空间变得透亮起来。

条纹装的壁纸让空间变得细腻。

陈列柜满足孩子摆放的需要。

圆弧的装饰架让空间变得有趣。

浅木色的家具是孩子的最爱。

粉红色的主色调是孩子的最爱。

彩色条纹床单让空间变得鲜亮。

黑色的线条与浅色的壁纸相搭配。

浅蓝色调子给人一种大海般的平静。

对称是设计师常用的设计手法。

壁纸有着一种天生的神奇魔力，能为墙面打造出百变妆容。

黑白的冲突对比。

丰富的搭配让空间变得丰满。

黑色软包使得空间变得贵气。

浅绿色的壁纸给人春天般的青春活力。

定制的家具满足生活的需要。

浅蓝色的家具提亮了空间。

砖木结构的上下床以及兼做书架的楼梯让男孩有足够的活动空间。

粉色的空间给人温暖。

简约的风格给人一种舒适的生活。

一组挂画给孩子一个美好的童年。

壁纸有着一种天生的神奇魔力,能为墙面打造出百变妆容。

软装的配搭让空间丰满起来。

EUROPEAN

欧式奢华

流动＼华丽＼浪漫＼精美＼豪华＼富丽＼动感＼轻快＼曲线＼典雅＼亲切＼流动＼华丽＼浪漫＼精美＼豪华＼富丽＼动感＼轻快＼曲线＼典雅＼亲切＼清秀＼柔美＼精湛＼雕刻＼装饰＼镶嵌＼优雅＼品质＼圆润＼高贵＼温馨＼流动＼华丽＼浪漫＼精美＼豪华＼富丽＼动感＼轻快＼曲线＼典雅＼亲切＼流动＼华丽＼浪漫＼精美＼豪华＼富丽＼动感＼轻快＼曲线＼典雅＼亲切＼清秀＼柔美＼精湛＼雕刻＼装饰＼镶嵌＼优雅＼品质＼圆润＼高贵＼温馨＼流动＼华丽＼浪漫＼精美＼豪华＼富丽＼动感＼轻快＼曲线＼典雅＼亲切＼流动＼华丽＼浪漫＼精美＼豪华＼富丽＼动感＼轻快＼曲线＼典雅＼亲切＼清秀＼柔美＼精湛＼雕刻＼装饰＼镶嵌＼优雅＼品质＼圆润＼高贵＼温馨＼流动＼华丽＼浪漫＼精美＼豪华＼富丽＼动感＼轻快＼曲线＼典雅＼亲切＼流动＼华丽＼浪漫＼精美＼豪华＼富丽＼动感＼轻快＼曲线＼典雅＼亲切＼清秀＼柔美＼精湛＼雕刻＼装饰＼镶嵌＼优雅＼品质＼圆润＼高贵＼温馨＼流动＼华丽＼浪漫＼精美＼豪华＼富丽＼动感＼轻快＼曲线＼典雅＼亲切＼流动＼华丽＼浪漫＼精美＼豪华＼富丽＼动感＼轻快＼曲线＼典雅＼亲切＼清秀＼柔美＼精湛＼雕刻＼装饰＼镶嵌＼优雅＼品质＼圆润＼高贵＼温馨＼流动＼华丽＼浪漫＼精美＼豪华＼富丽＼动感＼轻快＼曲线＼典雅＼亲切＼流动＼华丽＼浪漫＼精美＼豪华＼富丽＼动感＼轻快＼曲线＼典雅＼亲切＼清秀＼柔美＼精湛＼雕刻＼装饰＼镶嵌＼优雅＼品质＼圆润＼高贵＼温馨＼华丽＼浪漫＼精美＼豪华＼富丽＼动感＼轻快＼曲线＼典雅＼亲切＼流动＼华丽＼浪漫＼精美＼豪华＼富丽＼动感＼轻快＼曲线＼典雅＼亲切＼清秀＼柔美＼精湛＼雕刻＼装饰＼镶嵌＼优雅＼品质＼圆润＼高贵＼温馨＼流动＼华丽＼浪漫＼精美＼豪华＼

# EUROPEAN
## 欧式奢华

精美古典的油画、金属光泽的壁纸、繁复婉转的脚线，繁复典雅，华丽而复古，坐在家里也能感受高贵的宫廷氛围，在水晶吊灯的映衬下，更加亮丽夺目，昭示着现代人对奢华生活的追求。

舵手、泳圈的摆件，满足孩子对大海的热爱。

欧式的装置配搭给空间增添了几分贵气。

粉色的床和窗帘让空间温馨而可爱。

粉红色的调子是孩子的最爱。

大幅落地窗让空间变得通透。

床头的陈列架满足孩子陈列的需求。

浅色的地面与壁纸相互呼应。

细致的搭配满足精致生活。

浅蓝色的墙漆让空间平静起来。

粉红色是女孩的最爱。

壁纸有着一种天生的神奇魔力，能为墙面打造出百变妆容。

吊顶的处理是空间的亮点。

壁纸有着一种天生的神奇魔力，让空间变得贵气。

富有层次的搭配是孩子的最爱。

米字国旗在家具上的运用让空间生动起来。

配饰是设计师精心的选择。

条状的壁纸让空间变得高挑起来。

墙裙是本案设计的亮点。

大幅的落地窗将户外的精致映入室内。

壁纸和家具相互配搭。

大幅落地窗让空间变得通透。

粉红色的窗帘成为空间的视觉焦点。

床头帷幔的应用满足女孩的公主梦。

室内空间中家具与装饰的合理搭配。

儿童储物空间的综合运用。

条纹状的壁纸让空间的层次多元起来。

精美的壁纸是主人的最爱。

床头的软包满足对舒适生活的追求。

大幅落地窗帘让空间变得高挑。

帷幔的运用满足每个女孩的公主梦。

蓝色的窗帘是本案的中心色。

精美的壁纸满足华丽生活的需要。

大面积的陈列架满足孩子摆放的需要。

每个爱做梦的年纪，都有一个天真而伟大的梦，像在天空翱翔，似在海里遨游，都是深蓝色的梦想。

黄色的地面与金色的壁纸相互呼应。

卷草纹的壁纸让空间富有层次感。

欧式豪华的装饰满足主人对华丽生活的向往。

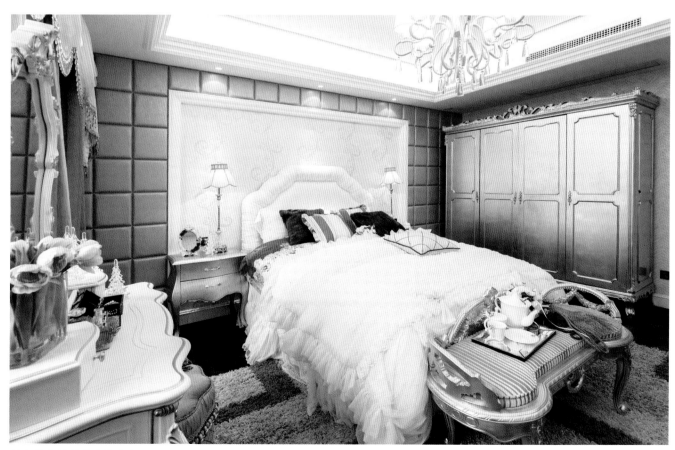

软包装饰墙是本案的亮点。

床头主题墙是本案的设计重点。

装饰挂画丰富了空间的色彩。

条纹状的壁纸让空间变得通透。

装饰的陈列架让空间变得更加细腻。

凯蒂猫的装饰是每个小女孩的最爱。

壁纸的应用让空间变得细腻而丰富起来。

天花吊顶是本案的设计亮点。

孩子与动物的交流，是一种天生的能力，也是一种天使的爱心。

壁纸的应用让空间变得细腻而丰富起来。

床幔的应用满足每个女孩的公主梦。

高低床的摆放，让活动空间变得更大。

儿童房中的童趣小景。

富丽堂皇的儿童房。

墙面精致的装置提升了空间的品位。

挂画的装饰让空间变得丰满而生动。

粉红色的床单和床头是女孩子的最爱。

女儿房间的床采用液压上翻，省出空间满足女儿摇滚之星。

粉红色的背景墙是本案的主色调。

朱红色使得空间变得沉稳。

欧式大床足够孩子在上面翻滚玩耍。

大面的落地窗使得空间变得宽大而通透。

大面积的软包背景墙让空间变得更加舒适。

大量的玩偶都是孩子的最爱。

蓝色的家具提亮了空间。

柱头的运用让空间变得高挑起来。

粉色的壁纸是女孩子的最爱。

华丽的软包和天花吊顶相互呼应。

床头的床幔满足女孩的公主梦。

金色的壁纸让空间变得更加华丽。

壁纸有着一种天生的神奇魔力，能为墙面打造出百变妆容。

米字国旗让空间中的色彩格外耀眼。

粉色的壁纸是女孩子的最爱。

大量的摆件让空间变得富有层次感。

金色的背景墙让空间变得华贵。

华丽的软包和天花吊顶相互呼应。

女儿房的一角。

精致的空间。

背景墙采用软包设计满足舒适的生活。

紫色的床帏满足孩子的公主梦。

洁白而华丽的空间。

大圆床是女儿的最爱。

金色的背景墙让空间变得华贵。

紫色的床单有种神秘感觉。

金色的壁纸和黄色的窗帘相互呼应。

粉红色是女孩子的最爱。

条纹状的壁纸让空间富有层次。

蓝色的应用让空间有种平和与洁净之感。

米黄色调子给人温暖。

软包背景墙的运用让空间变得丰富起来。

条纹状的壁纸让空间更加细腻。

粉红色的床单提亮了空间的色彩。

自然＼舒适＼温婉＼内敛＼悠闲＼舒畅＼光挺＼华丽＼朴实＼亲切＼实在＼平衡＼温婉＼内敛＼悠闲＼舒畅＼光挺＼华丽＼自然＼舒适＼温婉＼内敛＼悠闲＼舒畅＼光挺＼华丽＼朴实＼亲切＼实在＼平衡＼温婉＼内敛＼悠闲＼舒畅＼光挺＼华丽＼自然＼舒适＼温婉＼内敛＼悠闲＼舒畅＼光挺＼华丽＼朴实＼亲切＼实在＼平衡＼温婉＼内敛＼悠闲＼舒畅＼光挺＼华丽＼自然＼舒适＼温婉＼内敛＼悠闲＼舒畅＼光挺＼华丽＼朴实＼亲切＼实在＼平衡＼温婉＼内敛＼悠闲＼舒畅＼光挺＼华丽＼温婉＼内敛＼悠闲＼舒畅＼光挺＼华丽＼朴实＼亲切＼实在＼平衡＼温婉＼内敛＼悠闲＼舒畅＼光挺＼华丽＼自然＼舒适＼温婉＼内敛＼悠闲＼舒畅＼光挺＼华丽＼朴实＼实＼亲切＼实在＼平衡＼温婉＼内敛＼悠闲＼舒畅＼光挺＼华丽＼自然＼舒适＼温婉＼内敛＼悠闲＼舒畅＼光挺＼华丽＼朴实＼亲切＼实在＼平衡＼温婉＼内敛＼悠闲＼舒畅＼光挺＼华丽＼自然＼舒适＼温婉＼内敛＼悠闲＼舒畅＼光挺＼华丽＼朴实＼亲切＼实在＼平衡＼温婉＼内敛＼悠闲＼舒畅＼光挺＼华丽＼自然＼舒适＼温婉＼内敛＼悠闲＼舒畅＼光挺＼华丽＼朴实＼亲切＼实在＼平衡＼温婉＼内敛＼悠闲＼舒畅＼光挺＼华丽＼温婉＼内敛＼悠闲＼舒畅＼光挺＼华丽＼朴实＼亲切＼实在＼平衡＼温婉＼内敛＼悠闲＼舒畅＼光挺＼华丽＼自然＼舒适＼温婉＼内敛＼悠闲＼舒畅＼光挺＼华丽＼朴实＼亲切＼实在＼平衡＼温婉＼内敛＼悠闲＼舒畅＼光挺＼华丽＼朴实＼亲切＼实在＼平衡＼温婉＼内敛＼悠闲＼舒畅＼光挺＼华丽＼自然＼舒适＼温婉＼内敛＼悠闲＼舒畅＼光挺＼华丽＼朴实＼亲切＼实在＼平衡＼温婉＼内敛＼悠闲＼舒畅＼光挺＼华丽＼自然＼舒适＼温婉＼内敛＼悠闲＼舒畅＼光挺＼华丽＼朴实＼亲切＼实在＼平衡＼温婉＼内敛＼悠闲＼舒畅＼光挺＼华丽＼自然＼舒适＼温婉＼内敛＼悠闲＼舒畅＼光挺＼华丽＼朴实＼亲切＼实在＼平衡＼温婉＼内敛＼悠闲＼舒畅＼光挺＼华丽＼自然＼舒适＼温婉＼内敛＼悠闲＼舒畅＼光挺＼华丽＼朴实＼亲切＼实在＼平衡＼温婉＼内敛＼悠闲＼舒畅＼光挺＼华丽＼自然＼舒适＼温婉＼内敛＼悠闲＼舒畅＼光挺＼华丽＼朴实＼亲切＼实在＼平衡＼温婉＼内敛＼悠闲＼舒畅＼光挺＼华丽＼朴实＼亲切＼实在＼平衡＼温婉＼内敛＼悠闲＼舒畅＼光挺＼华丽＼自然＼舒适＼温婉＼内敛＼悠闲＼舒畅＼光挺＼华丽＼朴实＼亲切＼实在＼平衡＼温婉＼内敛＼悠闲＼舒畅＼光挺＼华丽＼自然＼舒适＼温婉＼内敛＼悠闲＼舒畅＼光挺＼华丽＼朴实＼亲切＼实在＼平衡＼温婉＼内敛＼悠闲＼舒畅＼光挺＼华丽＼自然＼舒适＼温婉＼内敛＼悠闲＼舒畅＼光挺＼华丽＼朴实＼亲切＼实在＼平衡＼温婉＼内敛＼悠闲＼舒畅＼光挺＼华丽＼朴实＼亲切＼实在＼平衡＼温婉＼内敛＼悠闲＼舒畅＼光挺＼华丽＼自然＼舒适＼温婉＼内敛＼悠闲＼舒畅＼光挺＼华丽＼朴实＼亲切＼实在＼平衡＼温婉＼内敛＼悠闲＼舒畅＼光挺＼华丽＼自然＼舒适＼温婉＼内敛＼悠闲＼舒畅＼光挺＼华丽＼朴实＼亲切＼实在＼平衡＼温婉＼内敛＼悠闲＼舒畅＼光挺＼华丽＼朴实＼亲切＼实在＼平衡＼温婉＼内敛＼悠闲＼舒畅＼光挺＼华丽＼自然＼舒适＼温婉＼内敛＼悠闲＼舒畅＼光挺＼华丽＼朴实＼亲切＼实在＼平衡＼温婉＼内敛＼悠闲＼舒畅＼光挺＼华丽＼自然＼舒适＼温婉＼内敛＼悠闲＼舒畅＼光挺＼华丽＼朴实＼亲切＼实在＼平衡＼温婉＼内敛＼悠闲＼舒畅＼光挺＼华丽＼自然＼舒适＼温婉＼内敛＼悠闲＼舒畅＼光挺＼华丽＼朴实＼亲切＼实在＼平衡＼温婉＼内敛＼悠闲＼舒畅＼光挺＼华丽＼自然＼舒适＼温婉＼内敛＼悠闲＼舒畅＼光挺＼华丽＼朴实＼亲切＼

PASTORAL

田园混搭

追求清新简约的年轻人更倾向于淡雅质朴的墙面风格，淡绿、淡粉、淡黄的浅色系壁纸，无论在餐厅、书房还是卧室，一开门间，素雅的壁纸带来一股清新的味道，给人以回归自然的迷人感觉。

紫色的有种神秘感觉。

壁纸和窗帘相互呼应。

粉红色是女孩子的最爱。

穹顶的运用让空间变得更加高挑。

条纹的床单有种神秘感觉。

主题墙上的小树装置伴随着孩子的成长。

嫩绿色的色调给人一种青春的活力。

条纹状的壁纸让空间富有层次。

考虑到孩子需要更多的活动和玩耍空间，把本身的阳台纳入室内作为一方小天地，床尾的地毯正好延伸到本来的阳台区域。

金属色的背景墙给人高贵的感觉。

碎花的壁纸让空间变得丰富多彩。

北欧风格夹杂着地中海的调子。

北欧风格中夹杂着简约的情调。

铁艺的装置别有一番特色。

壁纸让空间富有层次。

对称的背景墙是本案设计亮点。

陈列架满足孩子摆放的需要。

树状的吊灯是空间的重点。

壁纸让空间富有层次。

红色成为空间的主色调。

床单上的印花别用特色。

软垫的配饰让空间富有层次感。

粉红色是女孩子的最爱。

整体色调糅合了蒂芙尼蓝、淡山茱萸粉，但基础色仍以白色为主，明亮轻快。

软包的应用让空间变得富有层次。

壁纸吸引了孩子的注意力。

多彩的软包墙面让孩子的空间变得更加安全。

软包的背景墙让空间变得更有层次感。

粉色是女孩子的最爱。

横的条纹和竖装的拉门和谐搭配。

女孩房的床幔是她的最爱。

神秘而有趣的空间。

紫色的床单有种神秘感觉。

粉红色是女孩的最爱。

条纹的壁纸让空间富有层次感。

银灰的背景墙提升了空间的品位。

窗幔和床幔相互呼应。

紫色给人一种神秘的感觉。

精致的空间，精致的生活。

白色的软包是空间的设计亮点。

富有层次的配饰让空间变得丰满。

粉红色是女孩的最爱。

铁艺床别有一番情调。

紫色有种神秘感觉。

条纹状的背景墙是本案设计亮点。

男孩房的一角。

透明的隔断，让空间变得更加通透。

壁纸和床幔的使用让空间变得更有层次。

背景墙的处理是本案的亮点。

背景墙的设计是本案的亮点。

黄色的背景墙让空间变得温暖。

这些玩偶都是孩子的最爱。

粉红色是女孩的最爱。

绿色的背景墙是本案设计亮点。

女孩房的一角。

男孩房的一角。

大红色的背景墙格外显眼。

男孩房里摆放着他的梦想。

精致的物品摆放其中。

浅色的调子给人一种舒适的感觉。

格子状的背景墙是本案的亮点。

凹凸的花格背景墙让空间富有层次感。

男孩房的一角，摆放他探险的梦。

椰树的图案给人一种自然而清新的感觉。

粉红色是女孩子的最爱。

女孩房一角。

条纹状的图案让空间富有层次。

圆弧的背景墙给人一种地中海式的田园风情。

大面积的陈列柜满足孩子摆放的需求。

壁纸让空间丰富多彩。

女孩房间的一角。

城堡的墙画有种神秘的色彩。

墙面的装置艺术是本案的特色。

条纹状的壁纸让空间富有层次。

陈列架摆放了孩子的最爱。

背景墙的设计是本案的重点。

铁艺床别有一番特色。

男孩房的一角。

黄色的背景墙给人热情和迸发的感觉。

粉红色是女孩子的最爱。

富有层次感的空间摆放着孩子的玩偶和梦想。

条纹状的床单提亮了空间。

树状的壁纸有种森林童话的感觉。

圆弧的陈列空间摆放着孩子的玩偶和梦想。

吊顶的处理与地面和谐统一。

壁纸有着一种天生的神奇魔力，能为墙面打造出百变妆容。

黄色的壁纸丰富了空间的色彩。

浅绿色的壁纸给人春天般的活力。

壁纸是业主精心的选择。

顶面的蓝天让空间变得高挑起来。

女孩房间的一角。

背景墙上的卷草纹是视觉中心。

壁纸有着一种天生的神奇魔力，能力墙面打造出百变妆容。

紧凑的小空间满足了两个女儿生活与学习的需要。

男孩房间的一角。

紫色的床单有种神秘感觉。

金色的壁纸和黄色的窗帘相互呼应。

粉红色是女孩子的最爱。

条纹状的壁纸让空间富有层次。

圆弧的窗户将窗外的景致引入了室内。

女孩房间的一角。

粉红色是女孩的最爱。

层次多变的一角。

蓝色的背景墙提升了空间的亮度。

男孩房间的一角。

铁艺的使用别用一番情调。

女孩房间的一角。

金色的壁纸和黄色的吊灯相互呼应。

深绿色的背景墙成为视觉中心。

条纹状的壁纸让空间富有层次。

哥特式的空间混搭着田园的风格。

条纹状的壁纸让空间富有层次。

女孩房的一角。

条纹状的背景墙成为视觉中心。

富有特色的背景墙吸引着孩子的注意力。

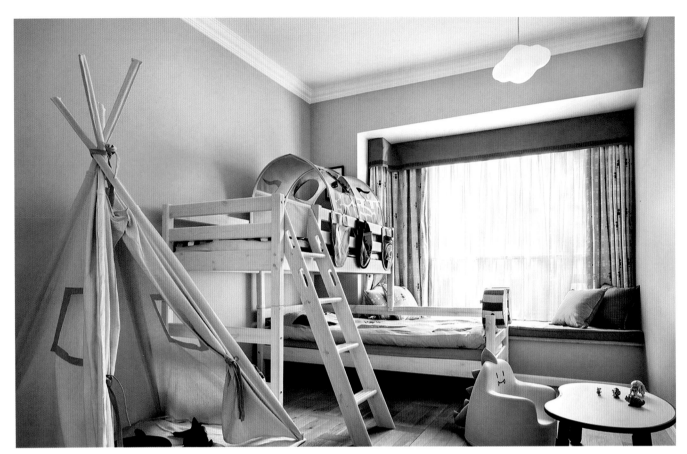

男孩房的一角。

儿童房字母屏风活泼益智。